カモシカの季節

海に囲まれた四国に生きる奇跡の野生動物

中西安男

リーブル出版

はじめに

1990年、四国山地に生息する特別天然記念物ニホンカモシカに、初めて出会った。以前から四国にもカモシカが生息することは知っていた。1頭と至近距離で目が合った途端に、強い衝撃を受ける。以来、カモシカの虜となり、姿を追いかけて30年を超えてしまった。

当時、著者は高知市が運営する小さな動物園で飼育員として勤務していた。当然、動物の知識はある程度あり、カモシカについても文献上の大まかなことは知っていた。しかし、目前に野生のカモシカを見た時、そんな知識はなんの意味もないと感じ、この野生をもっと知りたいと思った。彼らを知るために、著者の休日の生活スタイルは大きく変わり、暇さえあればせっせとカモシカのすむ山に通うようになった。また、彼らに出会ったことで、ついにはフリーの写真家の道を歩むことになり、著者の人生を変えた大きな存在でもある。

これまでに、野生の個体を数え切れない頭数見てきたが、30年を超える観察期間に、カモシカたちに起こった変化を肌で感じてきた。ニホンジカの爆発的増加により、山は豊かな植生を失いカモシカの生息状況は悪化し、姿を見ることが困難になってきた。

四国に生息しているカモシカたちは、約2万年前に出現した瀬戸内海によって、本州の個体群と隔絶された歴史がある。見た目の印象は本州の個体群とは明らかに異なり、生態や遺伝子までもが長い歴史を物語っている個体群だ。近年、生息数が減少していることから環境省は「絶滅が危惧される地域個体群」に指定した。長期にわたり彼らを観察し撮影してきたことから、四国のカモシカたちの写真集を残さなければ、野生動物写真家を志した意味がない。

野生動物写真家　中西安男

ニホンカモシカはウシ科の草食動物で、単独生活をし、オスもメスもなわばりをもつ。太古から姿や生活を変えることなく、現存する生きた化石と呼ばれる世界的に貴重な野生動物だ。

好物は柔らかな木の葉や草類だが、冬は硬い針葉樹の葉や枝、ササなども食べる。しかし、著者が主なフィールドとしている高知県は、人工林率が異常に高く、カモシカにとってはすみにくい環境。でも、食べることは生きることの基本である。

1

2

4

カモシカは個性にあふれている。撮影や生態を知るためには個体識別をして撮影するのだが、顔、体色など個性がはっきりしており、他の野生動物より容易に識別が可能だ。

5月から6月はカモシカの出産期で、1子を出産する。子どもは、生後1週間ほどは運動能力が低いが、生後1カ月もすると母親に連れられどんな急峻な場所でもついていく。子どもは母親の愛情を一身に受け、自然の中で生きていく術を学ぶ。

たまに、母親となわばりが重なるオスが一緒（いっしょ）にいることがある。子どもにとっては父親であるが、子育てには参加（さんか）しない。

四国のカモシカの子どもは、生後半年もすると、母親のなわばりをひとりで単独行動をすることがある。こうした行動は、本州のカモシカでは見られない特徴だ。そして、１歳から１歳半ほどで母親から独立することがわかった。幼さを残した若い個体は、警戒心が薄く、接近する著者に慣らすことができる。愛称をつけ、ワカ、サンデー、ゲンキ、ホオジロ、サチなど、若い個体たちの成長を楽しみに追っていた。しかし、ある日を境に、彼らに次々と会えなくなってしまった。

脳裏に焼きついた瞳

数多くのカモシカに愛称をつけて追ってきた。どの個体も忘れることのない個体たちだったが、最も著者の脳裏に深く刻まれているのは、孤児だった「アイ」との日々である。カモシカの生息数が減少し、姿を見ることが難しくなった2016年の８月のこと、思わぬ出会いをした。

夏は木々の葉や草が繁茂しているので、姿を探し観察することは困難な季節と承知しているが、現場の山に入ってみた。林道を車で走行していると、突然、草むらから動物が飛び出し前を横切った。慌てて急ブレーキをかけ、衝突はなんとか避けることができた。

その動物を見ると、カモシカであることに驚く。しかも、生後２カ月ほどの小さな子どもだ。こんな幼い子どもの場合、近くに母親が必ずいるはずなのだが、どこにも姿がない。二度目に出会った時も、母親の姿を探し出すことはできなかったため、この子どもは、何らかの原因で母親を失った孤児だと気づいた。以後、この孤児にアイという名をつけて記録することにした。当初は著者を恐れ、逃げて隠れるほどだった。しかし、頻繁に会いに行くことでアイとの距離は縮まり、呼べば山の上から近くにやって来たり、触れるほどの距離での撮影を許してくれたりして、絆のようなものが生まれていた。

冬になると食べられる植物はかなり少ないし、ニホンジカによって山は荒れている。そのため、保護して動物園に収容することを何度か考えた。でも、アイの生命力を信じ、成長を記録することにした。

著者の行為は、結局アイの命を奪う結果となった。アイは寒波の中、栄養失調で倒れてしまった。助けるチャンスがあったのに、撮影を優先するために保護しなかったことをいまだに後悔している。あの澄みきったアイの瞳が記憶から消えず、最も愛したカモシカとして脳裏に焼きついている。

著者がアイのいる崖に必死にしがみついているると、アイが心配してのぞきこむ。

この日は一緒に河原に下りて、行動をともにした。つかず離れずアイは著者のそばにいた。とても幸せな時間だったが、この日が最後のデートになるとは夢にも思わなかった。

野生動物はいるべき環境にいてこそ、絵になる。いろいろな場所や条件で出会うが、すべてのカットが昨日のように思い出すことができる。偶然や突発的出会いもあり、友だちになり追いかけているうちに、頭に描いていた絵コンテのような写真が撮れたりする。中には、夢に描いた条件で出会うのに20年以上の年数を要したカットもある。初めて会った時から今も、彼らと出会うと、心臓が高鳴ることは変わらずだ。だが、カモシカの生息数はニホンジカによる山の荒廃や、ニホンジカを捕獲する目的のくくり罠での錯誤捕獲も減少の要因となり、撮影が継続できなくなった。

カモシカは、目の下にある眼下腺(がんかせん)からの分泌物(ぶんぴつぶつ)を枝(えだ)や岩などにこすりつけて、マーキングをする。

繁殖行動がみられるのは、秋から冬にかけて。オスはなわばりが重なるメスに求愛する。メスのにおいを嗅ぎ、オスは上唇をめくりあげてフレーメンと呼ばれる行動をする。

カモシカの撮影を始めた時代は、フィルムカメラだった。自宅にはものすごい数のポジフィルムが保管されているが、今回の写真集ではデジタルに完全に移行した2005年からの作品で構成した。（1点を除く）

フィルム時代に困難だった撮影条件でも、機材の進歩により現在は容易に撮れるから、いい時代に生きていると実感する。何よりフィルムや現像代がかからないのはうれしい。

しかし、過去に撮った貴重なシーンをデジタルで撮り直したいと思っても、野生動物は再度のチャンスを与えてはくれない。また、個体識別し、いつも顔を見ていた個体たちが、次々と行方不明となり、中には死を見届けた個体もあることから、もっと彼らを撮影しておけばと、悔やんでも後の祭りである。

カモシカは生息地域によって特徴があるように感じているので、本州のカモシカを見に行くこともある。四国のカモシカとは風貌もかなり違い、生息する環境も異なるので面白い。これまでに青森県、秋田県、静岡県、富山県、長野県、三重県、和歌山県と、それぞれの地域に生きるカモシカを見てきた。

これまでに訪れた地域の中で、特にお気に入りは富山県のカモシカたちだ。雄大な北アルプスに抱かれた自然豊かな地域で、人々の暮らしの隣で、普通に特別天然記念物であるカモシカが生きている。その生活ぶりがたくましく、愛すべき隣人として地域の人々に親しまれている。もし、そうした地域で彼らと暮らせれば、幸せだろうと夢に描くことがある。

あとがき

考えてみれば、自分の年齢の半分近くを野生のカモシカと向き合ってきた。カモシカは、群れで生活する動物ではなく、単独生活をする動物なので、個体間のコミュニケーションが極端に少なく、行動自体も単調な場合が多い。つまり、観察していても面白くなく、つまらない野生動物ともいえる。しかるに、こんなに長く彼らに魅入られているのは不思議というしかない。

大陸では、より進化したウシ科動物にこうした古い種は淘汰される。日本列島が大陸から切り離されたことで、カモシカは地球史のレガシーとして生き残り、悠久の時を刻み太古のままの姿を今に伝えている。また、野生動物には、それぞれの種のもつオーラを感じるが、カモシカのオーラは少し違っているように思う。出会うと、太古から繋がれた命の輝きとオーラに圧倒され、その魅力に著者の心拍数は跳ね上がる。

動物園で飼育員をしていた時代には、野生のカモシカを観察しつつ、動物園でも飼育担当をしていた贅沢な経験もした。飼育することで、野生では知り得なかった生態もわかった。子どもの離乳時期や性成熟の年齢など、野生の観察と結びつき新鮮だった。特に、子どもの離乳については、保護された子どもの育て方に大いに役立った。

50歳になったあたりから、残りの人生を野生と向き合って過ごしたいと、強い願望が湧きあがってきた。結果、53歳で早期退職を決断し、現在に至っている。写真家としてカモシカ、アナグマ、ハヤブサ、トビハゼと被写体を広げてきた。アナグマは『アナグマ百景』と題した写真集で2020年に発表している。次は、カモシカだと決めてはいたが、長く撮影しているためか、なかなか構想がまとまらずにいた。しかし、カモシカの生息数が減少し撮影が困難になった現状や、ロシアのウクライナ侵攻により、第3次世界大戦への拡大を強く感じ恐怖したこともあって、カモシカの写真集を急ぎ出版しておくべきと考えた。

野生動物写真家　中西安男

著者プロフィール

中西安男（なかにし やすお）

1956年2月26日生まれ。

1977年高知市立動物園に勤務。施設移転のため、1993年よりわんぱーくこうちアニマルランドに勤務。

2009年3月53歳で早期退職。（退職時の役職、飼育担当係長・学芸員）

2009年4月野生動物専門の写真家として活動を開始。

新聞等の連載

朝日新聞社：「やっさんの動物記」1996年4月～1997年9月まで連載。

高知新聞社：「TOSA フォトギャラリー」2007年4月～2009年3月まで連載。

高知新聞社：「野生からの便り」2009年11月～2013年3月まで連載。

著書

1）『カモシカに会った日』高知新聞社、1995年。

2）『やっさんのわくわく動物記』高知市文化振興事業団、1998年。

3）『アナグマ百景』リーブル出版、2020年。

主な個展

2017年9月「追われゆく森の精霊」高知県立牧野植物園。

2018年4月7日～6月10日「追われゆく命」越知町横倉山自然の森博物館。

その他

BS朝日「いきもの大紀行・草原の貴公子チーター」に出演。2016年7月9日放送。（再放送数回）

カモシカの季節

海に囲まれた四国に生きる奇跡の野生動物

2022年7月5日　初版第1刷発行

著　者　中西安男

発行人　坂本圭一朗

発行所　リーブル出版

〒780-8040 高知市神田2126-1

TEL 088-837-1250　www.livre.jp

印刷所　株式会社リーブル

ISBN 978-4-86338-349-4